LES

FORMATIONS GÉOLOGIQUES AURIFÈRES

DE

L'AFRIQUE DU SUD

par René de BONAND

Ingénieur, ancien élève de l'École des Ponts et Chaussées

PARIS

LIBRAIRIE POLYTECHNIQUE, CH. BÉRANGER, ÉDITEUR

15, RUE DES SAINTS-PÈRES, 15

MAISON A LIÉGE, 21, RUE DE LA RÉGENCE

—

1917

DU MÊME AUTEUR

Géologie des formations aurifères de la Nouvelle-Zélande
(Béranger, éditeur, Paris).

PRÉFACE

Plusieurs années passées dans l'Afrique du Sud m'ont permis d'y étudier les gisements aurifères.

Cet ouvrage a pour but de décrire les principaux gisements, leurs origines et la venue de l'or.

Au cours d'un séjour en Amérique du Sud, j'eus l'occasion de discuter sur l'avenir de la Province du Matto-Grosso avec un financier, qui y possédait de gros intérêts. Après m'avoir longtemps parlé de la richesse en or de cette province, il se laissa emporter par l'enthousiasme jusqu'à me dire : « Il y a plus d'or que de terre ».

Il ne trouverait pas ce phénomène en Afrique, mais il constaterait que l'on en extrait plus d'or que d'aucun pays au monde. Il reconnaîtrait aussi la présence du métal précieux dans des roches où l'on n'avait jamais pensé à le chercher.

Les gisements sont trop nombreux pour pouvoir les décrire tous en détail.

Chaque année amène, du reste, de nouvelles découvertes.

Ce pays extraordinaire est-il seulement à ses débuts comme producteur d'or?

L'étendue connue des conglomérats du Rand est-elle une petite partie d'un gisement que reconnaîtront de prochains travaux?

R. DE BONAND.

INTRODUCTION

L'Afrique du Sud est devenue la grande région productrice d'or dans le monde, laissant loin derrière elle l'Amérique et l'Australie. La production mondiale de l'or ayant été en 1916 de deux milliards quatre cents millions de francs, la part de l'Afrique du Sud est représentée par 45 pour 100 de ce total.

Comme pour tous les pays où a été découvert le précieux métal, le développement de sa production, lente au début, a été rapide aussitôt que les principaux problèmes géologiques, présentés par les gisements, ont été résolus, et lorsque les méthodes appropriées ont été appliquées au traitement des minerais.

L'or fut tout d'abord découvert, en 1864, dans le district de Tati, au Bechuanaland.

Puis en 1869 on le découvrit au Transvaal dans les districts de Lydenburg et de Zoutpansberg. Après bien des hésitations, et malgré une opposition violente des Boers les plus arriérés, qui ne veulent pas entendre parler d'extraire l'or de la terre, le gouvernement de la République Sud-Africaine se décide à promulguer la loi minière.

En 1884, on découvre les filons de Barberton et du

district de Kaap, et principalement celui de la Sheba.

Le 18 juillet 1886, le Gouvernement proclame ouvertes à l'exploitation minière, les fermes qui formeront plus tard le district du Rand, entre autres la ferme Langlaagte où sera exploitée la mine Robinson, la première grande productrice d'or.

Le 20 septembre de la même année, les géomètres du gouvernement marquent le tracé des lots de terrain de la future ville de Johannesburg, immédiatement au Nord des affleurements aurifères.

En 1888, le Gouvernement décrète la construction du chemin de fer de Johannesburg à Boksburg. Cette voie était destinée à amener au centre du Rand le charbon de l'Est. L'existence du charbon à proximité a permis le développement extraordinaire de l'industrie du Rand.

En cette même année 1888, M. C. D. Rudd, en échange de mille fusils et d'une mensualité de cent livres sterling, obtient de Lobengula, roi nègre des Matabélés, la concession de tous les droits miniers de son royaume. C'est l'origine de la Chartered Cy, formée l'année suivante.

En 1890 a lieu la première expédition d'exploration au Matabéléland, suivie des découvertes des anciennes mines exploitées par les Phéniciens, les Portugais et les Arabes.

A ces découvertes succèdent les « Booms » de 1885 à Barberton, de 1889 et 1895 à Johannesburg. Les capitaux affluent dans l'Afrique du Sud et permettent de reconnaître les gisements.

Puis, l'industrie suit sa marche rationnelle et, dirigée par des hommes de science et des hommes d'affaires, s'organise pour traiter par les méthodes les plus économiques les minerais de basses teneurs, aussi bien que les minerais riches, les seuls dont on s'occupait au début.

L'industrie minière doit beaucoup aux géologues qui, négligeant leurs intérêts personnels, lorsqu'ils voyaient autour d'eux se créer de gigantesques fortunes, ont résolu de nombreux problèmes et ont ainsi permis de trouver et de retrouver les couches aurifères inconnues ou perdues.

Bain, Penning, Molengraaff, Hatch, Sawyer, Draper sont les créateurs des principales théories géologiques. Ils ont droit à la reconnaissance de tous, hommes de science et hommes d'affaires.

FORMATIONS GÉOLOGIQUES AURIFÈRES

DE L'AFRIQUE DU SUD

CHAPITRE PREMIER

Aspect géographique de l'Afrique du Sud.

On est convenu d'appeler Afrique du Sud toute la partie du continent africain située au Sud du Zambèze, c'est-à-dire comprise entre 34 et 15 degrés de latitude Sud.

Bordant les côtes, se trouve une bande étroite de terres basses traversée par des cours d'eau de peu de longueur, descendant des chaînes abruptes, qui forment comme un rempart à d'énormes plateaux.

Ces plateaux sont constitués par les trois grands bassins fluviaux du fleuve Orange, se déversant dans l'Atlantique, du Limpopo et du Zambèze, se déversant dans l'Océan Indien.

Cette succession de plateaux forme ainsi les régions du Karrou dans la Colonie du Cap, du Veld Transvaalien, du grand désert de Kalahari et de la Rhodesia.

Limitant ces plateaux à l'Est, des chaînes de montagnes élevées, principalement de formation cristalline, constituent les massifs du Swaziland et du Basutoland, dont certains sommets atteignent la hauteur de 4 000 mètres.

Sur ces hauts plateaux le régime des deux saisons, sèche et pluvieuse, est bien établi.

La première dure environ 8 mois et correspond à l'hiver austral, tandis que la saison pluvieuse correspond à l'été.

La hauteur totale des précipitations d'eau pour l'année varie suivant les points de $0^m,50$ à 1 mètre.

Ces eaux, amenées par des orages violents, produisent des ravinements et des transports, nuisibles à la végétation et altérant continuellement la surface.

Le Karrou. — Le plateau du Karrou s'étend sur environ 450 kilomètres de l'Est à l'Ouest et 300 kilomètres du Sud au Nord.

On le divise fréquemment en :

	Altitude moyenne.
Karrou Sud.	350 mètres.
Karrou Central.	800 —
Karrou Nord	1300 —

Ce grand plateau est sillonné de petites collines arides, où l'on aperçoit de distance en distance de maigres buissons.

Le Karrou central présente un aspect à peu près désertique.

Plateau de l'Orange et du Transvaal. — Ce plateau fait suite au Karrou en remontant vers le Nord.

Il est constitué de collines recouvertes d'herbe, assez abondante à la saison des pluies, mais desséchée le reste de l'année.

Sur les sommets de ces collines, des rochers dénudés, donnant l'impression de ruines imposantes, dominent le pays et sont appelés « Kopje » par les Boers.

Dans les bas fonds, des marais se présentent assez souvent et sont produits par les eaux suintant des terrains dolomitiques fissurés, qui les entourent.

La hauteur de ce plateau varie de 1200 mètres à 2000 mètres au-dessus du niveau de la mer.

Les principaux centres habités se trouvent :

	Altitude.	
Bloomfontein	1500	mètres.
Potchefstroom	1400	—
Johannesburg	1760	—
Pretoria	1300	—
Barberton	1400	—
Ermelo	1800	—

Kalahari et Rhodesia. — Du désert de Kalahari vient l'épouvantable poussière rouge si pénible en hiver pour les habitants du Transvaal et de la Colonie d'Orange, lorsque le vent souffle en tempête. Peu de phénomènes atmosphériques sont aussi pénibles que la tempête de poussière du Transvaal. Le Kalahari est un grand désert vallonné, où la végétation est rare et où se trouvent quelques étangs aux eaux peu profondes et salées.

Cette région présente à la surface une grande analogie avec celle des Chotts algériens.

La hauteur moyenne de ce plateau désertique est de 1 300 mètres.

La Rhodesia comprend les territoires situés entre le Limpopo et le Zambèze et une portion de territoires au Nord de ce fleuve. Les anciens pays des Matabélés et des Mashonas en font partie.

Les altitudes varient entre 1 200 et 1 700 mètres.

Le pays présente une analogie assez grande avec celui du Transvaal, mais il est plus fertile.

Les Kopjes y sont plus nombreux et plus importants.

Par contre la végétation y est plus abondante et l'on y rencontre des arbres, inconnus au Transvaal là où ils n'ont pas été plantés.

Les rivières y ont aussi un débit plus considérable dans la saison sèche. Au Transvaal on n'y trouve alors qu'un mince filet d'eau.

CHAPITRE II

Aspect géologique.

Le Continent Sud-Africain présente l'aspect d'une énorme cuvette de granite dans laquelle seraient venus se déposer, pendant des milliers de siècles, les débris qui ont formé les roches sédimentaires des diverses époques géologiques. Ces dépôts ont dépassé en hauteur les bords de la cuvette.

Il présente aussi des soulèvements locaux en certains points intérieurs de la cuvette, tels le sommet de la chaîne du Witwatersrand, au Nord de Johannesburg, et les affleurements de granite de Vredefort et de la région de Heidelberg et de Klerksdorp. Dans la Rhodesia le granite est exposé sur de grandes étendues, et nous verrons que les eaux ont produit l'érosion de la partie supérieure.

Le Karrou, qui constitue la partie Sud de cette cuvette, est recouvert par la même formation géologique à peu près sur toute son étendue.

On a donc appelé celle-ci « Formation du Karrou ».

On la retrouve ailleurs, recouvrant d'autres formations géologiques, comme nous allons le voir. Mais elle est si en évidence et si caractéristique, sur toute l'étendue du grand plateau méridional, qu'on n'a pu faire mieux que de la désigner par son nom.

Elle se compose de couches de grès et de conglomérats.

Les uns et les autres doivent leur origine aux matériaux arrachés par les glaciers dans leurs régions supérieures.

Soumis à des chocs et à des pressions considérables, ces matériaux, en se désagrégeant, ont formé des sables. En même temps, les éléments les plus résistants, usés et polis par le frottement des uns contre les autres, et par le frottement des glaces, formaient les galets.

Ces sables et ces galets, s'agrégeant peu à peu en une masse compacte, subissant la pression des glaces et ensuite celle des couches supérieures, ont fini par constituer une roche, qui n'est autre que le conglomérat glaciaire.

Comme dans tout conglomérat glaciaire, les galets des conglomérats du Karrou sont de toutes dimensions.

Ces galets, surtout ceux de grandes dimensions, présentent des stries profondes produites par les glaces.

Ces conglomérats reposent sur des aires glacières.

Cette formation couvre à peu près tout le pays situé au Sud du Vaal, à l'exception d'une bande de territoire le long des côtes, où apparaît la roche primitive, et

d'une bande sur la côte sud, où se montre une formation sédimentaire plus ancienne dont nous reparlerons.

A la base, on trouve des schistes. Comme fossiles, on
a trouvé des reptiles de la classe des Théromorphes, ce
qui permet de rattacher la formation au début de la
période triasique.

Cependant les assises du Karrou s'étaient déjà
constituées partiellement durant la fin de l'époque
primaire, et à la période permienne et carbonifère se
rattachent les énormes dépôts de charbons, reconnus
et exploités un peu partout en Afrique du Sud.

Le dépôt des couches du Karrou a été suivi d'une
période glaciaire dont les traces se retrouvent en maints
endroits; mais, durant la formation même de ces
couches, les glaces ont existé et ont charrié les éléments constitutifs de certains conglomérats.

On trouve des surfaces fort étendues de roches absolument dénudées, formant un véritable dallage. Ce dallage est traversé par des stries, et, seulement dans de
petites fissures produites par l'action atmosphérique et
où un peu d'humus a trouvé son chemin, on rencontre
une végétation, assez maigre du reste.

Sur certaines de ces grandes aires ainsi polies par
les glaces, celles-ci, en se retirant ont laissé les galets
et les sables qu'elles charriaient.

Lors des premières explorations de l'Afrique du Sud,
tous les conglomérats avaient été classés comme dépôts
lacustres ou marins. On a reconnu depuis l'origine gla-

ciaire de certains dépôts de la formation du Karrou et notamment des couches de conglomérats traversées par la rivière Dwyka dans le sud de la colonie du Cap.

Ces couches reposent sur des roches striées décrites précédemment, et les galets portent eux-mêmes les caractères qui leur ont été donnés par l'action glaciaire.

Enfin les dépôts, dans leur ensemble, représentent bien les moraines des époques préhistoriques.

Le conglomérat du Dwyka, en effet, ne se rencontre pas en couches régulières, mais il se présente en amas de surfaces et sans connexité avec les divers dépôts reconnus. Il n'est brisé par aucune faille, ni par aucune intrusion de roche éruptive.

Au delà du fleuve Orange, et aussi au Transvaal, la formation du Karrou se retrouve par places, mais il semble qu'une érosion, ou une sorte de décapage, se soit produite et l'ait fait disparaître sur de grandes surfaces.

Qu'un tel phénomène se soit produit, ou que la formation n'ait jamais existé dans ces régions, l'un ou l'autre fait permet de relever à la surface l'existence d'autres dépôts sédimentaires.

Ceux-ci, disparaissant ailleurs sous la formation du Karrou, on peut leur attribuer des origines plus anciennes.

Ces dépôts d'époques géologiques plus anciennes que celle ayant vu se constituer la formation du Karrou constituent eux-mêmes des groupes présentant des caractères bien distincts les uns des autres.

Les couches de chacun de ces groupes peuvent être attribuées à des époques géologiques différentes, et elles se présentent avec des caractères dominant, ou sont plus caractérisées dans certaines régions.

En raison de ces caractères, ou bien de la région où ces groupes se présentent avec une grande netteté, ils ont reçu les noms de « Formation des Dolomies », « Formation du Witwatersrand », « Formation du Swaziland ».

On a vu précédemment qu'il existait aussi, sur la côte Sud de la colonie du Cap, une formation appartenant à une époque bien caractérisée. Les géologues l'ont appelé « Formation du Cap ».

Sans entrer dans le détail des diverses divisions ou subdivisions déterminées par les géologues sud-africains, on peut rattacher les couches de l'Afrique du Sud à certains groupements.

Ces groupements de couches géologiques, superposées aux roches cristallines, peuvent être classés par ordre d'ancienneté dans les cinq formations suivantes :

Formation du Swaziland.
Formation du Witwatersrand.
Formation des Dolomies.
Formation du Cap.
Formation du Karrou.

Des gisements aurifères se rencontrent dans les trois premières formations et ont rendu principalement célèbre la seconde, dans laquelle existent les dépôts de conglomérats exploités dans les mines du Rand, appelées aussi généralement mines du Transvaal, bien que ces conglomérats ne soient qu'une partie des gisements aurifères exploités au Transvaal.

On a donné à ces formations le nom des régions où elles se trouvent le plus en évidence, et où elles se rencontrent dans les conditions les plus complètes et avec toutes leurs caractéristiques. Il faut cependant bien le comprendre, elles se retrouvent en d'autres régions que celles ayant servi à les désigner.

La formation du Karrou, par exemple, se retrouve dans l'Est du Transvaal, et celle du Swaziland au Nord du Limpopo.

Il n'y a pas lieu d'étudier plus complètement les formations du Cap et du Karrou, dans lesquelles aucun gisement aurifère n'a été reconnu.

La nature, l'origine et la métallisation des seules formations du Swaziland, du Witwatersrand et des Dolomies ou du Black reef, c'est-à-dire des formations renfermant des gisements aurifères, attireront uniquement notre attention.

CHAPITRE III

Formation aurifère du Swaziland.

La formation du Swaziland est représentée par une série de dépôts de schistes ardoisiers, de grès et de quartzites.

Ces couches reposent sur un gneiss à gros grains.

Des bouleversements postérieurs à leur constitution ont produit de nombreuses intrusions de granite à travers les roches sédimentaires.

Cette formation, bien caractérisée dans le pays des Swazis, se prolonge au Nord, et couvre la partie Est du Transvaal. On la retrouve dans la Rhodesia, d'où elle s'étend au Nord du Zambèze.

De l'autre côté de la cuvette sud-africaine, elle couvre les territoires de la côte Ouest, connus sous le nom de Damaraland, et ayant formé la colonie allemande du Sud-Ouest Africain.

Dans cette formation on trouve quelques filons aurifères au Swaziland, des gisements importants dans le district de Kaap, principalement aux environs de Barberton, et des filons en Rhodesia.

Dans le Swaziland, l'or se trouve dans les veines de quartz déposées dans des fissures du granite.

2

On le trouve aussi dans les schistes, mais sans allure définie du dépôt aurifère.

En fait, malgré les nombreuses recherches, les gisements aurifères du Swaziland n'ont donné aucune satisfaction aux détenteurs des concessions.

Les dépôts sont irréguliers et peu riches.

La genèse des veines de quartz, dans cette région, s'explique, comme celle des quartz en général, par la circulation d'eaux thermales chargées de silice qui s'est déposée dans des fissures, conséquences de bouleversements antérieurs de la croûte terrestre.

L'or dans les schistes paraît provenir aussi de sources thermales, dont les eaux ont circulé suivant les plans de la stratification géologique.

Le Swaziland produit annuellement environ 15 000 onces d'or.

Dans le district de Kaap, il y a deux régions aurifères importantes : celle de Barberton et celle de Sheba, qui sont contiguës.

Dans les environs de Barberton, l'or se trouve partout et dans toutes les roches. Ceci ne veut pas dire que toutes ces roches contiennent l'or en quantité suffisante pour être exploitées.

L'or se trouve, par exemple, dans les schistes et les grès dans leur position de stratification Aucun plan ne détermine la séparation des zones aurifères, dans une roche déterminée. Si, à la surface, on a reconnu la présence de l'or, il faut chercher par tâtonnement quelle est la puissance de la zone aurifère d'un grès, par exemple.

Aucune éponte n'indique, comme pour un filon, la limite de la roche aurifère.

Passant de la zone riche à la zone pauvre, la nature de la roche ne varie pas.

Dans ces grandes formations de quartz, telles qu'on les rencontre aux environs immédiats de Barberton, il est fréquent de trouver l'or dans une épaisseur de un mètre, la couche étant de 15 ou de 30 mètres.

Ce quartz est généralement bleu foncé, et souvent d'aspect presque vitreux.

A la grande mine Sheba, située à environ 12 kilomètres de Barberton, l'or se trouve dans un quartz de cette nature.

La roche aurifère présente une grande puissance dans certaines sections de la mine.

On peut voir une énorme chambre, d'où a été extrait du minerai contenant 35 grammes d'or à la tonne, et dont les dimensions étaient 40 mètres de puissance, par 80 mètres de longueur sur une hauteur de 70 mètres, il y a déjà plusieurs années. Cette chambre a dû atteindre, depuis, des dimensions beaucoup plus grandes.

Le quartz extrait de certaines cheminées a rendu jusqu'à 5 onces à la tonne.

Dans tout le district de Kaap, les schistes reposent sur un granite grossier. Ce même granite affleure en certains points des environs de Barberton et renferme aussi quelques filons de quartz peu riches.

En fait, comme il a été dit précédemment, l'or se trouve là un peu partout et dans toutes sortes de roches.

A l'époque des premières prospections dans ce district, le pays était peu connu, les communications difficiles, les conditions sanitaires très mauvaises, et la vie en général assez pénible. Les prospecteurs, venant en majeure partie de Kimberley, avaient peu d'expérience des dépôts aurifères et voulaient faire rapidement fortune. Trouvant l'or un peu partout, ces hommes entreprenants montaient des batteries là où ils découvraient quelques tonnes de minerai riche. Leur désappointement et celui des capitalistes fut grand, lorsqu'on reconnut bientôt le peu d'étendue des gisements.

En parcourant aujourd'hui ce pays de montagnes abruptes, on trouve partout des travaux abandonnés, souvent même importants, et qui datent de l'époque des premières prospections. On en trouve jusqu'au « Duivels Kantoor », cet éperon en forme de falaise, qui, à une altitude de 1 800 mètres, domine toute la vallée, et d'où l'on embrasse une vue merveilleuse sur tout l'Est du Transvaal.

Dans les grandes propriétés de la Compagnie « Moodies », partout l'or a été trouvé, et nombreuses ont été les Compagnies formées pour y exploiter des gisements promettant beaucoup à leurs inventeurs. La plupart de ces Compagnies n'ont éprouvé que des désappointements.

Sur « Moodies » ces gisements étaient des filons-couches suivant exactement la stratification. C'étaient

des grès ou des quartz faisant partie de la formation
sédimentaire en place.

Il ne faudrait pas conclure au peu de persistance de
l'or dans les filons-couches, puisque, par contre, la
mine « Sheba », a donné pendant vingt-cinq ans les
rendements à la tonne les plus élevés du Transvaal, et
cela d'une façon constante, et malgré les erreurs de direction et de traitements commises à certaines époques.

Dans ces filons-couches, l'or est à l'état libre.

La formation du Swaziland, ainsi aurifère au Sud
du Crocodile River, constitue aussi au Nord une partie
du district aurifère de Lydenburg. Se prolongeant toujours vers le Nord, elle renferme également des gisements aurifères dans la région des collines Murchison
et du Zoutpansberg.

Dans ces divers districts l'or est aussi bien dans les
schistes, les quartzites et les grès non métamorphisés.

Parfois à Lydenburg, on le trouve dans des filons de
quartz brisé et décomposé, sans doute sous l'influence
de mouvements subséquents et d'intrusions avoisinantes
de diorite et diabase. Un peu partout, dans les districts
de Kaap et Lydenburg, ces intrusions sont nombreuses.
On leur doit la transformation des grès en quartzite.

Au Nord du Limpopo, c'est-à-dire dans toute la Rhodesia, l'action volcanique et le ravage des érosions ont
bouleversé ce qu'avait constitué la nature, en y plaçant
primitivement les roches cristallines et les roches primaires.

Les époques qui ont suivi ont peu reconstruit dans cette région au point de vue géologique. Cependant l'or, qui devait se trouver dans les assises supérieures arrachées par les eaux, est également abondant, ou du moins très répandu, dans les parties inférieures de ces assises, et même dans les rares dépôts sédimentaires moins anciens.

Il y a actuellement deux cents mines en exploitation sur des gisements d'origines les plus diverses. Ces gisements sont répartis sur toute l'étendue du pays.

La grande majorité sont de petites mines dont la production ne dépasse pas 500 onces par mois.

Un bon nombre de ces gisements sont des filons de quartz dans des granites, comme on les a trouvés précédemment dans l'Arizona.

On trouve aussi quelques filons de quartz dans les schistes. Ce sont ces quartz que les Phéniciens et les Arabes avaient exploité autrefois. Ils n'ont pas donné de nos jours les rendements que l'on en attendait. Ces anciennes mines ont en effet absorbé sans résultats appréciables l'attention des premiers prospecteurs.

L'or se trouve parfois dans des intrusions de diorite. Tel est le gisement qui a été exploité à la mine Ayshire.

A la Shamwa, qui est vraiment une grande mine, puisqu'elle produit un million de francs d'or par mois, le gisement est un amas de grès. Le minerai exploitable reconnu était en avril 1917 de 1 605 000 tonnes. Sur des puissances de 10 ou 12 mètres, l'imprégnation est de 7 grammes d'or par tonne de roche.

En recouvrement, et appartenant à une formation assez récente, on trouve des conglomérats.

Les galets sont de granite, calcaire ou quartz, et la matrice est quartzo-schisteuse et à grain grossier.

Ces conglomérats semblent avoir été constitués par les débris de toutes les roches sous-jacentes.

En somme, pour les roches en place dans la formation du Swaziland, aussi bien en Rhodésia que dans le district de Kaap, l'or se trouve un peu partout et semble avoir été amené à la même époque que les intrusions de roches volcaniques. Celles-ci le contiennent parfois elles-mêmes.

Ces intrusions sont extrèmement nombreuses, et les basaltes se sont souvent déversés en dehors des fissures, pour couvrir la surface sur de grandes étendues.

Du Limpopo au Zambèze, suivant une direction Nord-Est, on constate une bande puissante de basalte contenant en abondance des fragments verts de péridote (silicate double d'alumine et de fer).

Ce basalte, qui serait ainsi une picrite, aurait donc rempli une crevasse. Ouverte presque en ligne droite et sur une très grande longueur, celle-ci aurait demandé une action volcanique très forte.

C'est sans doute cette même action qui a amené les eaux thermales et siliceuses, auxquelles est due la genèse de certains gisements de quartz aurifère.

CHAPITRE IV

Formation du Witwatersrand.

Cette formation, postérieure à la formation du Swaziland qu'elle recouvre en de nombreux points, se présente à l'état le plus complet sur le versant Sud des collines formant la ligne de partage des eaux entre le Limpopo et le Vaal.

Le premier déverse ses eaux dans l'Océan Indien.

Le second les porte à l'Orange, qui les déverse dans l'Atlantique.

Au sommet de ces collines, dont l'altitude est d'environ 1 850 mètres, apparaît le granite, formant là une bosse entourée de tous côtés par les terrains primaires.

Reposant sur le granite, on voit au Sud, en couches parfaitement régulières, les schistes ardoisiers identiques à ceux reconnus au Swaziland et dans le district de Kaap.

Les schistes ardoisiers ne sont pas localisés en ce point. On les trouve, affleurant à la base du système, un peu partout. Dans certaines régions, ils forment des couches de peu de puissance, alternant avec des quartzites.

Leur présence a été d'une grande assistance aux géologues. Ils ont servi souvent de repère pour la recherche des couches aurifères.

On leur doit le succès de beaucoup de prospections.

Ces schistes, justement célèbres dans l'histoire géologique et minière du Transvaal, ont reçu le nom de schistes ardoisiers de « Hospital Hill », nom donné à une partie des collines constituant le Witwatersrand, ou ligne de partage des eaux, dans la langue Boer.

Ces roches sédimentaires, métamorphisées par les mouvements de plissement de l'écorce terrestre, ont des lamelles très accentuées.

Sur ces schistes, et en parfaite concordance avec eux, reposent des grès métamorphisés ou quartzites, à grains fins et présentant une couleur gris foncé.

Descendant vers le Sud, on traverse des affleurements de schistes et de quartzites, et l'on arrive ensuite à des affleurements de conglomérats.

Ces affleurements de conglomérats sont suivis d'autres de quartzite de peu de puissance, puis l'on trouve l'affleurement d'un nouveau lit de conglomérats, suivi de quartzites, et encore de conglomérats.

Cette série de couches de quartzites et de conglomérats de peu de puissance constitue la fameuse série du « Main reef », dont l'or a fait connaître le Transvaal au monde entier, et a enrichi tant de personnes durant les trente dernières années.

Après avoir dépassé le dernier affleurement de

conglomérat de la série du « Main Reef », on traverse pendant environ un kilomètre des affleurements de quartzite, et l'on arrive à une nouvelle série de conglomérats et quartzites intercalées, la série du « Bird Reef ».

Les galets y sont plus petits que dans la série du « Main reef ».

Marchant toujours vers le Sud, et traversant des affleurements de quartzites sur environ 1400 mètres, on atteint la série du « Kimberley reef ».

Enfin, de cette série à la série de « Elsburg », et séparée d'elle par des masses de quartzite, la distance dépasse trois kilomètres.

Les galets des conglomérats de cette dernière série sont plus gros que ceux trouvés dans la série du « Main reef ».

Telle est la section type de la Formation du Witwatersrand, telle qu'on l'observe en suivant un axe Nord-Sud passant par le centre de la ville de Johannesburg.

La ville a, en effet, été tracée aussi près que possible des premières mines exploitées au centre du Rand, et les chevalements des puits apparaissent à l'extrémité Sud des rues, dont quelques-unes seulement traversent la ligne des concessions pour rejoindre les routes de la campagne.

Les travaux des mines de la partie centrale du « Main reef », et les prospections sur les séries au Sud du

« *Main reef* », ont prouvé *la régularité de la formation dans la partie centrale du versant Sud du Witwatersrand.* C'est le versant Sud du Witwatersrand, qui est devenu le District minier du Rand, entre Springs à l'Est et Randfontein à l'Ouest.

Les séries secondaires de « Elsburg », « Kimberley » et « Bird reef » ont été explorées un peu partout, en profondeur et en surface, depuis 1888.

Des travaux de développement importants ont été exécutés et des usines de traitement du minerai ont même fonctionné. Les conglomérats de ces séries ont été trouvés trop pauvres pour donner satisfaction au point de vue industriel.

Des Compagnies nombreuses avaient été créées pour exploiter les concessions, telles Paardekraal et Johannesburg-Roodeport sur le Bird reef, Gordon Estates, Marie-Louise et Leeuwport sur le Kimberley reef, sans mentionner d'autres moins connues.

Des travaux importants de développement ont été faits sur les conglomérats.

Des usines de traitement considérables ont été montées. Toutes ces compagnies ont échoué.

Leurs travaux ont servi au géologue, qui a pu y étudier les couches recoupées.

Chacune de ces séries secondaires est formée de six ou huit couches de conglomérat, séparées les unes des autres par des quartzites.

Une de ces séries repose sur une couche de schistes

ardoisiers, qui semble être la seule couche de cette roche comprise dans la formation.

Les éléments composant les conglomérats varient en nature et en dimensions. Certaines couches ne sont pas exactement des conglomérats, mais seulement des grès à grain grossier.

Dans certains conglomérats des séries secondaires, les galets atteignent au contraire la grosseur d'un œuf d'autruche, mais la grosseur moyenne est beaucoup moindre.

On y trouve souvent des fragments de schistes ardoisiers cimentés dans la masse comme les galets. Ceux-ci sont presque toujours quartzeux et le ciment est siliceux.

Les Boers ont donné au conglomérat du Rand le nom de « Banket ».

Les géologues ont adopté ce mot du langage boer pour désigner cette roche bien spéciale, qui n'a été trouvée nulle part, excepté au Transvaal, avec tous les caractères étudiés plus loin.

SÉRIE DU « MAIN REEF »

Au point de vue géologique, les séries secondaires sont aussi intéressantes que la série du « Main reef », mais celle-ci, étudiée à de grandes profondeurs, suivie sur de grandes distances, représente un type bien complet, dont les caractères peuvent être plus parfaitement décrits.

L'origine des autres séries de la formation du Witwatersrand étant la même, il semble que l'étude détaillée de la série du « Main reef » suffise, si l'on veut faire connaître la formation aurifère.

Il ne faut pas oublier, du reste, qu'elle est trop célèbre pour ne pas lui donner la préférence sur les autres.

La qualification de « reef », ou filon, donnée aux gisements aurifères du Rand, est impropre.

Les conglomérats, comme les quartzites, sont des dépôts d'origine sédimentaire et non volcanique.

La série du « Main reef » renferme trois couches de conglomérats appelées :

« *Main reef* » *proprement dit.*
« *Main reef leader* ».
« *South reef* ».

Ce sont les couches principales et persistantes sur toute l'étendue du Rand. Mais, particulièrement, à l'Est, on trouve plusieurs couches secondaires et non persistantes, faisant cependant partie de la série du « Main reef ».

Tel est le « North reef », dont la puissance moyenne est de un mètre, et qui est assez riche en or pour être exploité dans trois ou quatre mines où il a été reconnu.

Tel est aussi le « Middle reef ».

Toutes ces couches sont séparées par des quartzites, comme le sont les couches principales elles-mêmes.

La distance entre les couches de conglomérat est assez variable.

Suivant une perpendiculaire au plan de la stratification, la distance entre le « South reef » et le « Leader » atteint parfois 30 mètres.

Quant au « Leader », il court souvent à quelques centimètres du « Main reef », et parfois en est éloigné de 2 mètres.

La puissance des couches est :

« Main reef »	1 à 4 mètres.
« Leader »	$0^m,10$ à 1 mètre.
« South reef »	$0^m,15$ à 2 mètres.

Il a été beaucoup fait usage des diverses opinions des géologues sur l'angle des couches avec l'horizontale, lorsqu'on a voulu estimer la durée des gisements dans les mines du Rand.

La vie de chaque mine et la richesse du minerai étaient en effet les deux bases de la capitalisation des Compagnies propriétaires.

Une même personne, ou compagnie, pouvait pos-

séder autant de « claims », ou unités de concession,
qu'il lui convenait, si elle les avait obtenus lorsque
les terrains étaient déclarés ouverts à l'exploitation par
le gouvernement, ou si elle les avait achetés depuis au
légitime propriétaire.

L'unité de concession, le « claim », a des dimensions légales fixes, 150 pieds, suivant la ligne d'affleurement ou suivant une parallèle à celle-ci, et 400 pieds
suivant la perpendiculaire.

Au début, croyant se trouver en présence d'une
fissure, on pensa à la première, et parfois à la seconde
ligne de « claims », dans l'attente que cette fissure se
rapprochait de la verticale.

Ce fut seulement, lorsque l'on commença à se rendre
compte de la nature sédimentaire, de la prolongation
et de l'allure des couches en profondeur, que des
hommes entreprenants se rendirent propriétaires des
claims de troisième et quatrième rang, et même de
propriétés plus éloignées.

Ces propriétés éloignées de l'affleurement, furent
appelées propriétés de « Deep levels », parce que, en
effet, elles renfermaient les couches aurifères à des niveaux profonds, ou du moins considérés tels à l'époque.

Les possesseurs de « claims » sur l'affleurement
voulaient voir ces couches se rapprochant de la verticale, afin de les conserver dans leur propriété jusqu'à
une plus grande profondeur, et de pouvoir compter
ainsi sur un plus important tonnage de minerai.

Les possesseurs de « claims » à 500 mètres de l'affleurement voyaient, au contraire, les couches se rapprochant rapidement de l'horizontale, et pénétrant ainsi sur leurs propriétés à une faible profondeur. Bien entendu, ils auraient voulu alors les voir redevenir verticales.

Les controverses se sont affaiblies à la suite des résultats obtenus dans les mines les plus profondes et par les sondages.

A l'affleurement, l'angle de pénétration des couches est de 45° à 60°. Très rapidement, c'est-à-dire même à 50 mètres de la surface, les couches commencent à se rapprocher de l'horizontale.

A 700 mètres de profondeur verticale, par exemple, l'angle avec l'horizontale est souvent de 50° ou même 25°.

Cependant, l'angle se réduit peu, à partir de ces grandes profondeurs, comme on a pu le constater dans les travaux descendus à 1300 mètres dans la mine Jupiter, à l'Est du Rand.

Les couches de conglomérats, découvertes primitivement sur la ferme Langlaagte, ont été exploitées d'abord dans la partie centrale du Rand aux Mines Ferreira, Wemmer, Robinson, etc.

Pendant les premières années de l'exploitation de la série du Main reef, les couches n'étaient vraiment bien connues que dans la section comprise entre Boksburg à l'Est et Witpoorje à l'Ouest.

Exception faite de quelques fautes localisées et secondaires, la formation présentait une grande régularité.

La distance entre ces deux points, en suivant l'affleurement, est d'environ 51 kilomètres.

A chacun de ces points extrêmes, une faille a bouleversé la stratification.

A l'Ouest, on exploite depuis vingt-cinq ans des couches situées de l'autre côté de la faille de Witpoorje.

Ce sont les gisements de « Randfontein », auxquels, lors de leur découverte on a donné le nom de « Botha's reef ». Cette série n'est autre que la série du « Main reef », d'abord rejetée vers le Nord par la faille, et prenant ensuite une direction Sud. Toute la Formation du Witwatersrand semble avoir subi la même déviation, et les couches appelées « Battery reef » ne seraient autres que la série du « Kimberley reef ».

A l'Est, de l'autre côté de la faille de Boksburg, sur la ferme Modderfontein, on exploite depuis 1890 des couches promptement reconnues comme la série du « Main reef ».

Au delà, les couches ne donnent plus d'affleurement, et pendant de longues années les prospecteurs ont pensé qu'une autre faille les avaient brisées, ou que l'extrémité du bassin, comme l'on disait alors, avait été atteinte.

Cependant, depuis 1894, les géologues ont abordé le problème de prouver la continuité des couches à l'Est de Modderfontein, après avoir constaté la disparition de la formation du Witwatersrand sous la formation dolomitique et sous les dépôts carbonifères de la Formation du Karrou.

Des prospections de surface, suivies de travaux en profondeur, et d'exploitation, avaient permis de reconnaître dès 1888 une étendue importante de terrains houillers.

On avait trouvé la formation carbonifère, commençant à Boksburg et s'étendant vers le Sud-Est.

Les géologues purent reconnaître facilement que ces terrains houillers étaient compris dans la formation du Karrou, et que celle-ci s'étendait sur tout le Sud-Est du Transvaal. Ce fait reconnu, il était aisé d'admettre que cette formation, postérieure à celle du Witwatersrand avait pu la recouvrir.

Il restait à prouver que la formation du Witwatersrand et la série du « Main reef » étaient présentes sous la formation du Karrou, et à déterminer aussi la puissance de celle-ci.

Pendant vingt-cinq années, les géologues et les capitalistes travaillèrent ensemble à faire cette preuve, et à rechercher quelle était cette puissance.

Sur les terrains des charbonnages de Brakpan et de la Cassel C⁽ᶦᵉ⁾ (ferme Daggafontein), des sondages recoupèrent la formation du Witwatersrand sous les terrains carbonifères.

Pendant longtemps les discussions sur la direction des couches se produisirent entre les propriétaires de fermes au Nord-Est et ceux de fermes au Sud-Est. Chacun aurait voulu posséder la précieuse série sur ses propriétés, mais n'osait faire des sondages, craignant, peut-être, ne pas trouver le « Main reef ». C'était faire perdre aux propriétés leur valeur spéculative.

En 1895 la Cie « East Rand Gold, Coal and Estates », propriétaire de la ferme Vishkuil, fit faire des travaux de prospection en profondeur, reconnut l'existence du charbon, et en commença l'exploitation, continuée depuis.

Les propriétaires de la ferme Palmietkuil entreprirent alors des travaux complets de sondage, en cinq points de leurs propriétés.

Ils recoupèrent d'abord une épaisseur importante de dolomies, puis les séries supérieures de la formation de Witwatersrand, et enfin la série du « Main reef », qui se trouve là dans les conditions identiques à celles reconnues dans les exploitations des mines Van Ryn et Modderfontein.

Ces sondages ont prouvé la continuité des couches aurifères du Witwatersrand sous la formation du Karrou. Ils ont aussi prouvé que les couches exploitées dans le district Nigel, près de Heidelberg, étaient une continuation de la même formation.

Ils ont ainsi permis de relier les couches de Modderfontein à celles de la Nigel.

Récemment, en 1917, un sondage sur la ferme de Spaarwater, au Nord-Ouest de la Nigel, a recoupé en profondeur les couches de cette mine à une profondeur de 850 mètres.

La continuité des couches de conglomérats aurifères est donc bien établie entre Modderfontein et Nigel.

La preuve indiscutable est maintenant faite, c'est la série du « Main reef » que l'on exploite depuis vingt-cinq ans à la Nigel comme à la Van Ryn.

Quant à l'orientation de la plongée des couches, elle a été déterminée par les travaux de la « Spring mines » et ceux de « Daggafontein », et par le sondage de « Spaarwater. » *Tous ces travaux ont prouvé que les couches plongent vers l'Ouest dans cette région Sud-Est.*

Ainsi, la faille de Boksburg rejette la formation du Witwatersrand vers le Nord, transportant ainsi la série du « Main reef » jusqu'à Van Ryn et Modderfontein.

Tournant là presque à angle droit, la formation se dirige vers le Sud pour atteindre la Nigel.

En corrélation avec leur changement de direction, les couches plongent vers l'Ouest au lieu de plonger vers le Sud, comme elle le faisaient jusque-là.

De ce côté, la formation du Karrou recouvre toute la région Est du Transvaal, dans les districts de Standerton et Wakkerstroom, par exemple, et s'étend dans la colonie de Natal où le charbon, qu'elle renferme, est exploité à Newcastle.

Dans le district de Heidelberg, la formation du Karrou manque, et a subi sans doute une sorte de décapage sous l'influence des actions atmosphériques. C'est ce qui a permis, dès 1889, de reconnaître et exploiter les affleurements de la Nigel.

La formation du Witwatersrand, arrivée à Heildel-
berg, semble alors se diriger vers le Sud-Est, pour
disparaître à nouveau sous les couches du Karrou. Il
faudrait prouver que les conglomérats et les quartzites,
reconnus dans les nombreux travaux au Sud-Est de
Heidelberg, par exemple sur la ferme Daasport et le
Hex river, sont des couches appartenant à l'une des
séries de la formation du Witwatersrand.

Poursuivant les méthodes adoptées pour obtenir la
liaison entre Modderfontein et Nigel, on pourra facilement découvrir la formation aurifère au delà de Heidelberg.

Jusqu'ici aucun sondage n'a été fait de ce côté.

Il s'agit de prouver l'existence de la formation du
Witwatersrand sous la formation du Karrou, à l'Est ou
au Sud de Heidelberg.

Au point de vue économique, il s'agit de prouver là
l'existence de la série aurifère du « Main reef », de la
trouver à une profondeur où elle soit exploitable, de
trouver les couches assez puissantes et assez riches pour
donner des bénéfices aux exploitants.

S'il n'est pas permis de prévoir ce que l'on trouvera
sous les couches du Karrou, on peut dire cependant que,
partout où a été trouvée la formation du Witwatersrand,
elle a été trouvée aurifère. Partout où a été exploitée
ou reconnue la série du « Main reef, » à Modderfontein,
Van Ryn, Brakpan, Palmietkuil, Nigel, ses couches ont
été trouvées assez riches pour être exploitées.

On peut espérer encore des découvertes intéressantes dans l'Est du Transvaal, au point de vue géologique, comme au point de vue économique.

De l'autre côté du Rand, à l'Ouest de la grande faille de Witportje, les conditions géologiques ne sont pas absolument les mêmes, mais présentent cependant une certaine analogie.

Il y a eu à Witportje une intrusion puissante de diorite.

La stratification a été rejetée de 8 kilomètres au Nord, comme elle l'a été à l'Est. Également comme à l'Est, elle prend ensuite une direction Sud.

La série du « Main reef » a été retrouvée à la limite Sud de la ville de Krügersdorp, et comme, à l'origine, les géologues n'étaient pas là pour démontrer l'identité des couches, on a donné à ces couches rejetées le nom de « Botha's reef ».

De même on a appelé « Battery reef », une série qui n'est autre que celle de Kimberley reef.

Après avoir suivi la direction Ouest, pendant 10 kilomètres à l'Ouest de Krügersdorp, les couches tournent brusquement vers le Sud, pour entrer dans les propriétés de la Compagnie Randfontein, où elles sont exploitées depuis 1890.

On a pu là les suivre vers le Sud pendant 15 kilomètres, puis elles disparaissent sous une formation plus récente couvrant en grande partie le Sud-Ouest du Transvaal.

Cette formation, qui n'est autre que la formation dolomitique, n'a pas été explorée en profondeur.

En un point, sur la ferme Buffelsdorn, elle est non existante, et on a trouvé là les affleurements des couches de la série Botha ou plus exactement du « Main reef ».

Au Sud du Vaal, dans la Colonie d'Orange, entre Venterskroom et Vredefort, on trouve des affleurements de conglomérats et des quartzites, qui semblent appartenir à la formation du Witwatersrand.

Ces conglomérats sont aurifères, mais n'ont pas été reconnus assez riches pour être exploités.

Ces couches sont recouvertes au Sud par la formation dolomitique. Les unes et les autres disparaissent sous la Formation du Karrou entre Vredefort et Kronstadt.

La ligne de dépression, suivant laquelle coule la rivière du Vaal, a été déterminée par un mouvement de l'écorce terrestre, qui, en même temps, a bouleversé toute la stratification.

Il est impossible, jusqu'ici, de dire si les affleurements au Sud du Vaal sont la continuation des affleurements des séries secondaires, ou supérieures de la formation du Witwatersrand, ou s'ils résultent d'un soulèvement postérieur à la genèse des conglomérats et des quartzites.

Pour arriver à une certitude, il faudra pouvoir suivre jusqu'au Vaal les couches du « Main reef », exploitées à Buffelsdorn, et se rendre compte si les couches exploitées, il y a quelques années, à Rooderand sur la rive droite du Vaal sont, par exemple, la série Kimberley, ou toute autre de la formation du Witwatersrand.

Comme on l'a fait à l'Est, il y aurait lieu de prouver par des sondages la liaison des couches de Randfontein avec celles de Buffelsdorn, et de continuer à suivre la formation encore plus au Sud.

Il est étonnant que le gouvernement de l'Union Sud-Africaine, soit par des subventions, soit par l'action directe de ses Services miniers, n'ait pas fait procéder méthodiquement, à l'Est et à l'Ouest, à des séries de sondages sous la direction de géologues qualifiés.

L'insouciance du gouvernement de l'Union semble avoir remplacé celle du gouvernement Boer.

Puisque la nouvelle loi minière donne à l'Union Sud-Africaine, un intérêt direct dans la richesse minière, il est de son intérêt de développer rapidement cette richesse.

Si le gouvernement de l'Union consacrait de suite quatre ou cinq millions de francs à des sondages au Transvaal, les contribuables seraient les premiers à profiter de ce placement.

Sinon, on verra se continuer le système de spéculation, consistant à acheter des propriétés minières pour les revendre à des compagnies par actions, qui n'y exécutent aucuns travaux, préférant leur laisser une valeur spéculative.

CHAPITRE V

Formation des Dolomies ou du Black reef.

Cette formation aurifère a recouvert la formation du Witwatersrand, mais n'en a pas la régularité.

Le conglomérat y est essentiellement erratique, comme puissance aussi bien que comme richesse.

On la trouve par taches ou par bandes un peu partout ; mais, en aucun point, elle ne présente une régularité semblable aux couches du Rand.

Elle renferme une couche de conglomérats à laquelle a été donné le nom de « Black reef ».

Elle est constituée par des conglomérats, des brèches, des quartzites et des dolomies. Celles-ci forment le chapeau de la formation, et le « Black reef » est à la base.

La stratification de ce groupe de couches n'a aucun rapport avec celle des couches qu'elles ont recouvertes.

Leur dépôt s'est fait après les grands mouvements qui ont affecté la situation des couches antérieures.

La discordance avec celles-ci est indéniable.

La formation dolomitique, ou du « Black reef », recouvre tout le Sud-Ouest du Transvaal et, suivant le cours du Vaal River, arrive jusqu'aux environs de Kimberley.

Elle s'étend sur le Béchuanaland au Nord de cette ville.

Peut-être existe-elle plus au Sud, mais elle serait alors recouverte par la formation du Karrou, puisque l'on trouve celle-ci partout à la surface et sur une grande profondeur.

Elle couvre aussi une étendue importante du district de Lydenburg.

Au Sud de Johannesburg, entre le Rand et le Vaal, on a trouvé la formation recouvrant la formation du Witwatersrand, sur l'étendue presque entière de la région.

La formation dolomitique présente une grande puissance au Nord-Ouest de Krugersdorp, et précisément au Nord des affleurements des couches du Witwatersrand, rejetées là par la faille de Witportje. Les dolomies reposent en discordance sur ces couches.

Elles renferment des filons-couches de quartz aurifères. A plusieurs reprises, on a tenté d'exploiter ces filons à Waterval, mais l'or ne semble pas y être contenu en quantité suffisante pour couvrir les frais d'exploitation.

A l'extrême Est du Rand, les dolomies ont recouvert la formation du Witwatersrand, sur quelques kilomètres ; mais, de l'autre côté de Springs, elles disparaissent elles-mêmes sous la formation du Karrou.

Certains géologues ont voulu estimer la puissance des dolomies à 800 mètres près de Lydenburg, et à 2000 mètres près de Potchefstroom. C'est une présomption applicable à certains points, mais il faudrait bien se garder de généraliser cette présomption, même pour un district déterminé.

Cette formation est aussi erratique que le « Black reef » qui en fait partie.

Dans la Rhodesia, elle couvre de grandes étendues.

Là, comme au Transvaal, c'est dans les dolomies que s'emmagasinent les eaux, qui forment les cours d'eau de ces pays. On peut voir, par exemple, au Sud de Johannesburg, les eaux s'écouler des crevasses et des lits des dolomies affleurant sur les bords du Klip river. Le même fait se produit sur les bords de la Mooï et de son affluent Wonderfontein, entre Krugersdorp et Potchefstroom.

En maints endroits on trouve, dans ces dolomies, des grottes et des souterrains, souvent de dimensions considérables, qui ont servi de refuges aux Noirs et aux Boers dans leurs diverses guerres. Ce sont les souterrains si bien décrits dans les romans de Ridder Haggard.

Le grain des quartzites de cette formation est généralement assez grossier, et la métamorphisation est moins poussée que pour celles des autres séries.

Quant au conglomérat, son aspect diffère de celui du « Main reef ».

Les galets y sont plus nombreux, sont de dimensions plus variables et atteignent parfois une grosseur jamais atteinte par ceux du « Main reef ».

Dans la masse, on trouve aussi des fragments de schistes, cimentés comme les galets eux-mêmes. Le ciment est siliceux et contient une grande quantité de fer, qui lui donne une couleur franchement noire.

La puissance de la couche de conglomérat atteint parfois trois mètres, mais descend à quelques centimètres, avant de disparaître entièrement.

Une caractéristique du « Black reef » est la grande quantité de pyrites qu'il renferme. *Mais son caractère vraiment distinctif est une couche d'environ trois centimètres de matière pulvérulente, très fortement ferrugineuse et présentant un aspect noir foncé, qui constitue la partie de la couche en contact avec le mur.*

La plus grande partie de l'or est contenue dans cette matière noire, ayant la même apparence que le dépôt ferrugineux des sables de plage de la côte Ouest de la Nouvelle-Zélande ([1]).

Ces sables ferrugineux et aurifères de Nouvelle-Zélande proviennent de la décomposition des schistes ardoisiers constituant les montagnes qui dominent ces plages.

La bande ferrugineuse et aurifère, à la base du « Black reef », semble provenir aussi de la décomposition des schistes. Ceux-ci seraient les mêmes que ceux dont on trouve des fragments dans la masse.

---

1. Voir *Géologie des formations aurifères de la Nouvelle-Zélande*, par René de Bonand (Béranger, éditeur, 15, rue des Saints-Pères).

Le ciment du conglomérat de cette couche semble aussi constitué, en grande partie, d'éléments provenant de la décomposition des mêmes schistes.

Ce sont ces schistes ardoisiers qui auraient apporté la grande quantité de fer contenue dans la masse, et principalement dans la bande mince constituant la base de la couche.

Ces schistes paraissent appartenir à la même formation que ceux de Hospital hill et du Swaziland.

En général, les couches forment un angle très petit avec l'horizontale, et cet angle se maintient entre 10° et 15°.

Partout le « Black reef » présente une grande irrégularité dans sa puissance, et dans sa richesse en or.

C'est la couche de conglomérat la plus erratique de l'Afrique du Sud.

Le « Black reef » a été exploité en de nombreux points, mais n'a pas donné les résultats entrevus par des prospections, que le hasard avait fait conduire sur des zones riches.

Les principales mines au Sud de Johannesburg ont été « Meyer et Leeb », et « Orion ».

Vers l'Ouest, on a trouvé des zones très riches dans la mine Midas.

Enfin, au Sud-Ouest, près de Klerksdorp, la Compagnie Buffelsdoorn exploite une couche de conglomérat de la formation du Witwatersrand, recouverte par la formation des Dolomies, au milieu desquelles une portion de « Black reef », assez riche, a aussi été exploitée.

Dans cette région Sud-Ouest du Transvaal, et jusqu'à la rivière Vaal, les dolomies couvrent tout le pays avec des intercalements de conglomérats.

Cependant, près de Klerksdorp et à Venterskroom sur le Vaal, la formation du Witwatersrand apparaît non recouverte par les dolomies.

Dans le district de Lydenburg et au Béchuanaland, elle renferme des filons de quartz aurifère, dont quelques-uns ont été exploités sur les concessions de Tati, par exemple.

Dans le district de Kaap, la formation dolomitique recouvre, en beaucoup de points, la formation du Swaziland. Elle constitue, au-dessus de celle-ci et par places, des escarpements, qui dominent les vallées des affluents du Crocodile river. Le « Duivels Kantoor », dont il a été parlé précédemment, appartient à la formation dolomitique. Certains grès aurifères de cette région appartiennent aux couches du « Black reef ».

En résumé, le « Black reef » est un dépôt de conglomérats, aurifères au point de vue géologique, mais offrant peu de sécurité pour une exploitation industrielle.

En ce moment, aucune mine ne semble être en exploitation sur ces couches.

Dans certaines régions, les dolomies manquent, mais les couches de conglomérats et quartzites peuvent, sans hésitation, être attribuées à la formation.

Il existe cependant, en de nombreux points, des dépôts de conglomérats qu'on ne peut lui rattacher avec absolue certitude. Tels sont ceux existant sur le Magaliesberg, ligne de collines dominant Prétoria au Nord.

Ces conglomérats sont aurifères et ont même donné lieu à des tentatives d'exploitation.

Incontestablement plus récents que ceux de la formation du Witwatersrand, ces dépôts offrent, dans leurs caractères, beaucoup d'analogies avec ceux du « Black reef ».

Le caractère ferrugineux du conglomérat est le même, mais la bande de matière noire manque à la base de la couche La puissance extrêmement variable de cette couche est une autre caractéristique, ainsi que son angle extrêmement faible avec l'horizontale.

Doit-on aussi attribuer à la formation du « Black reef » les couches exploitées pendant une vingtaine d'années à la mine Rietfontein, située à 5 kilomètres au Nord du « Main reef », à proximité de la faille de Boksburg?

Il y a là plusieurs couches séparées par des quartzites et on leur on avait donné, au début, le nom de série « du Preez ».

On a même voulu croire, à une époque, avoir trouvé une nouvelle formation rivalisant avec celle du Witwatersrand, et, par de nombreuses prospections, on a cherché à prouver cette assertion et à reconnaître la continuité des couches.

Ces couches sont en discordance avec la formation du Witwatersrand.

Le conglomérat y est fortement ferrugineux et présente, à la base de la principale couche exploitée, une bande de matière ferrugineuse noire à l'état pulvérulent.

Dans les débuts de l'exploitation du Rand, les caractéristiques des couches étaient mal connues. Certains avaient aussi voulu voir dans les « du Preez reefs » une section de la série du « Main reef », reportée au Nord par la faille de Boksburg.

Cette autre assertion a été reconnue inexacte, en raison du caractère des couches, de leur discordance avec le « Main reef », et de la nature du conglomérat.

Ces deux hypothèses ont donc été entièrement écartées.

Il semble, au contraire, que, par tous leurs caractères, les dépôts de Rietfontein doivent être rattachés à la formation du « Black reef ».

On peut aussi rattacher à cette formation les dépôts du Magaliesberg.

Comme dans tous les points où le « Black reef a été reconnu et exploré, ces dépôts ne couvrent pas une étendue continue. Au Magaliesberg et à Rietfontein, ils constituent des taches.

Ce sont des gisements localisés.

La série du « Black reef » ne présente pas une continuité, comme les séries de la formation du Witwatersrand.

Elle est constituée par des dépôts appartenant à la même époque géologique, mais indépendants les uns des autres et non reliés entre eux.

CHAPITRE VI

Distribution de l'or dans les Conglomérats.

On peut poser, comme principe, la constance dans le mode de distribution de l'or dans le conglomérat d'une même couche. La teneur en or est uniforme, comme moyenne, dans une région déterminée.

Par exemple, dans la région centrale du « Rand », le « Leader » et le « South reef » maintiennent leur supériorité de richesse sur le « Main reef ».

A la mine « Robinson » et sur les propriétés avoisinantes, on trouvait comme teneur en or du conglomérat pour le :

« Main reef »	7 à 10 grammes.
« Leader »	30 à 40 —
« South reef »	50 à 100 —

Pendant de nombreuses années, le « Main reef » ne fut pas exploité, étant considéré comme trop pauvre en or.

On ne peut dire que la teneur en or soit constante d'un bout à l'autre du Rand.

Mais à l'encontre des filons de quartz, dans lesquels, sur des distances et des profondeurs de 100 mètres, par exemple, on trouve à peine des traces d'or avant de retomber dans une zone riche, les couches de conglomérat du Transvaal contiennent l'or dans toute leur étendue.

La preuve la plus absolue en est donnée par le fait que la série du « Main reef » est exploitée sans solution de continuité de Randfontein à Springs.

Dans la constatation de ce fait, nous ne tenons pas compte, bien entendu, des failles de Witpoorje et de Boksburg, puisqu'elles ont simplement déplacé les couches.

Lorsque l'on se décida à étudier les couches à de grandes profondeurs et à en tenter l'exploitation, il y eut de vives discussions au sujet de la teneur en or à ces profondeurs.

On pensa, avec raison, que le meilleur moyen de s'assurer de la continuité des couches était de procéder à des sondages. Mais, des travaux miniers peuvent seuls faire connaître la teneur exacte en or d'un gisement.

Le premier sondage profond fut celui de « Rand Victoria », au Sud de la mine « Simmer and Jack », et à une distance horizontale de 1 550 mètres de l'affleurement.

Le « South reef » fut recoupé à 710 mètres, et la carotte de conglomérat donna une teneur en or de 57 grammes à la tonne.

Depuis cette époque, l'exploitation des mines a fortement dépassé ces profondeurs, et il est amplement prouvé que, là où l'on rencontre la série du « Main reef », elle est toujours aurifère.

On peut dire aussi, comme résultat de l'exploitation, que les conditions de distribution de l'or sont les mêmes aux grandes profondeurs ou près de la surface.

A ce sujet, des personnes peu au courant pourraient conclure à l'appauvrissement du conglomérat en profondeur, du fait que la moyenne de l'or extrait par tonne s'est abaissée depuis les débuts de l'exploitation. Cette moyenne était pour toutes les mines du Transvaal en :

$$
\begin{aligned}
&1893 \quad . \quad . \quad . \quad . \quad . \quad . \quad . \quad . \quad . \quad . \quad . \quad 17^{gr},08 \\
&1894 \quad . \quad . \quad . \quad . \quad . \quad . \quad . \quad . \quad . \quad . \quad . \quad 17^{gr},98 \\
&1916 \quad . \quad . \quad . \quad . \quad . \quad . \quad . \quad . \quad . \quad . \quad . \quad 9^{gr},80
\end{aligned}
$$

Cette différence provient, de ce que, en 1894, on n'exploitait pas le minerai du « Main reef ». Il était considéré comme trop pauvre. Le prix de revient de l'extraction et du traitement était alors de 28 shillings par tonne de minerai.

De nombreux perfectionnements ayant permis de réduire ce prix de revient (18 sh. 5 pence en 1916), on extrait maintenant le minerai du « Main reef », et on le traite mélangé à des minerais plus riches.

La moyenne de rendement par tonne de minerai se trouve ainsi abaissée, mais la teneur générale des conglomérats est restée la même en profondeur.

Partout où elle a été reconnue, la métallisation d'un

conglomérat de la formation du Witwatersrand est la
même.

Le « Kimberley reef », dont l'exploitation a été
tentée à plusieurs reprises, et en des points éloignés
les uns des autres, a montré quelques cheminées de
peu d'ampleur donnant 15 grammes et quelquefois un
peu plus, mais l'ensemble donne 1 ou 2 grammes.

Prenons maintenant le « Black reef ». On trouve ses
conglomérats absolument stériles sur de grandes étendues, et brusquement, des teneurs de 100 grammes
à la tonne sont révélées par l'échantillonnage. Alors,
sur une masse importante, on trouve des moyennes de
30 grammes à la tonne, tandis que, Est ou Ouest, à
une certaine profondeur, on retombe dans le stérile.
Ainsi on a pu travailler une masse riche pendant
plusieurs années aux mines « Orion », « Mayer and
Leeb » et autres, au Sud de Johannesburg. A la
mine « Midas », plus à l'Ouest, des teneurs plus élevées n'ont été trouvées que sur des étendues beaucoup
moindres.

Partout, le « Black reef » présente le même caractère
erratique de grande richesse ou d'absolue pauvreté.

Les conditions de la distribution métallique dans
une série de conglomérats restent les mêmes dans
toute son étendue.

Par les plans d'échantillonnage de quelques mines
d'affleurement ou de « Deeps levels », on peut se
rendre compte de la richesse aurifère constante de la
série du « Main reef ».

Au centre du Rand, à la « Crown Mines », au 31 décembre 1916, les plans montraient les teneurs suivantes par tonne de conglomérat :

« Main reef et Leader » pris ensemble . 28 grammes.
« South reef » 21   —

Cette mine, travaillant avec 660 bocarts, avait 11 400 000 tonnes de minerai en vue.

Au 31 décembre 1916, à la « City deep », les plans montraient un tonnage de conglomérats reconnu de 3 676 087 tonnes, d'une valeur aurifère de 14 grammes à la tonne.

A la « Rose deep », à la même date, le tonnage reconnu atteignait 3 267 280 d'une valeur de $8^{gr},22$ à la tonne.

Prenant un mois de 1917, on trouve que les travaux de développement à la mine « Simmer and Jack » ont donné les résultats suivants, pour la teneur en or par tonne de minerai :

	Moyenne.
« Main reef » sur une longueur de 124 mètres.	$11^{gr},00$
« Leader » sur une longueur de 17 mètres . .	$12^{gr},50$
« South reef » sur une longueur de 140 mètres	$15^{gr},90$

Les épaisseurs de conglomérats étaient respectivement $0^m,45$, $0^m,23$, $0^m,52$.

A l'extrême Est du Rand, là où la faille de Boksburg d'abord, ensuite le recouvrement par la formation dolomitique et la formation du Karrou, avaient longtemps arrêté toute exploitation, il y a maintenant des

mines d'affleurement et de « Deep level » en plein
développement. Quelle est la teneur du conglomérat?

A la mine Brakpan, suivant les rapports officiels,
on a reconnu pendant le dernier trimestre de 1916
une longueur de couche de 1027 mètres d'une valeur
moyenne de 14^{gr},48 par tonne de minerai.

A l'extrème Est, à la dernière venue des mines
du Rand, la « Springs Mines », qui est un « deep
level » et constitue, avec Daggafontein, le raccord
entre le Rand et le district de Heidelberg, on a com-
mencé à traiter le minerai en janvier.

D'une puissance moyenne de 0^m,47, la couche de
conglomérat a une richesse de 15^{gr},28 à la tonne.

Au sud-est, à la mine Sub-Nigel, au 31 décembre
1916, il y avait 295 000 tonnes de conglomérats prêts
à l'abatage, valant en or 15^{gr},65 par tonne.

A l'Ouest du Rand, près de la faille de Witpoortje, l
mine « Durban Roodeport » pouvait montrer un tonnage de conglomérat développé de 2 578 000 tonnes,
contenant en moyenne 10^{gr},50 à la tonne.

A l'extrème ouest, la « Randfontein », avec une
usine de traitement de 750 bocarts, a traité en 1916
2 209 622 tonnes, qui ont donné 9^{gr},55 d'or par tonne.

Enfin, la mine Robinson, après trente années
d'exploitation, et approchant de sa fin, voit enlever
chaque jour les piliers de sécurité. En même temps
des portions de la couche, laissées comme insuffi-
samment riches, sont extraites et traitées maintenant
avec profit.

On procède à un nettoyage complet des abatages.
C'est dire que l'on trouve de l'or dans ce conglomérat
laissé là pendant les premières années de l'exploitation.

Dans toute leur étendue, les couches de la série du
« Main reef » sont aurifères.

En somme, aucun gisement aurifère n'a donné, sur
une pareille étendue, une continuité de minerai payant
semblable à celle des conglomérats du Rand. Si, en
quelques points, on a laissé du minerai pauvre, valant
seulement deux à trois grammes, par exemple, on
peut dire que c'est une quantité bien infime.

Parcourant les abatages abandonnés des mines
Ferreira, Wemmer, Robinson, on trouve le vide partout, excepté là où les cavités ont été remplies avec les
débris.

C'est la meilleure preuve de la présence de l'or dans
le conglomérat. Celui-ci, en effet, a été extrait sans
solution de continuité sur toute la ligne du Rand.

CHAPITRE VII

Origine des conglomérats de la formation du Witwatersrand et de la formation dolomitique.

Les conglomérats des diverses séries de la formation du Witwatersrand et ceux de la formation dolomitique présentent entre eux des différences caractéristiques, mais leur origine et leur nature sont les mêmes.

Les séries de dépôts stratifiés aurifères sont une partie seulement des couches déposées par les eaux, dans un bassin qui occupait l'Afrique du Sud actuelle.

Les schistes ardoisiers à grain très fin sont des boues solidifiées et métamorphisées.

La pression des couches supérieures et les plissements de l'écorce terrestre, résultats des mouvements volcaniques, ont causé ce phénomène géologique

Les sondages du *Challenger* ont prouvé, de nos jours, que ces boues se déposaient dans des eaux absolument calmes. Pour nos mers, ces eaux se trouvent dans les grandes profondeurs. A trois cents kilomètres des côtes, dans des fonds de 2 500 mètres, on a relevé des boues d'origine détritique.

Par contre, on constate que les sables, les graviers,

les galets peuvent se déposer dans des fonds soumis à des courants, et par suite se trouvent dans les mers de faible profondeur.

Le fond de la Manche, au détroit du Pas de Calais, est constitué par un dépôt de gravier, et là les profondeurs sont de 25 mètres, à cinq kilomètres des côtes. Elles atteignent 50 mètres au milieu du Détroit.

Il ne faudrait pas en conclure que les couches de conglomérat et de quartzite du Sud-Afrique ont été déposées à ces profondeurs, mais elles ont certainement été déposées dans des mers peu profondes.

Le conglomérat du Rand est une masse compacte et de grande dureté, constituée de galets de quartz blanc ou grisâtre, et d'un sable très fin, formant un ciment siliceux gris foncé, parfois presque noir, dans lequel sont immergés les galets.

Il appartient donc à la catégorie des conglomérats quartzeux.

Cette roche transvaalienne est aussi compacte qu'un granite ou un porphyre.

Sous l'effet d'un choc violent, le galet ne se détache pas de la matrice, mais la cassure se produit sur le galet et sur la matrice suivant un plan, comme pour toute roche homogène.

On a vu précédemment que le conglomérat de Dwyka présente les caractères bien définis des dépôts glaciaires, des moraines. Il est constitué de galets de petites dimensions mêlés à de gros blocs et à des boues durcies.

Il est aisé de reconnaître immédiatement la différence essentielle entre les conglomérats du Rand et de tels conglomérats d'origine glaciaire.

Les galets varient de la grosseur d'un pois à celle d'un œuf de pigeon. Ces extrêmes sont rares et leur grosseur se maintient autour d'une moyenne uniforme, fait bien caractéristique d'un conglomérat marin ou lacustre.

Près de l'affleurement, c'est-à-dire jusqu'à une profondeur d'environ cinquante mètres, sous l'influence des infiltrations des eaux de surface et de tous les agents atmosphériques, les sulfures se sont transformés en oxydes et en sulfates. L'acide sulfurique, mis en liberté, attaque rapidement les machines en usage dans les mines.

Le conglomérat est là de couleur brune. La gangue ne présente pas la dureté des niveaux inférieurs. A· l'affleurement, galets et ciments ne forment même plus une roche compacte.

Poli suivant un plan, le conglomérat, au-dessous de cette région, présente l'aspect d'une mosaïque à fond noir, dans laquelle les veines blanches seraient remplacées par les galets de quartz.

Dans la gangue, et jamais dans les galets, on distingue à l'œil nu de petits nodules de pyrite de fer.

La forme de ces pyrites est parfois lamellaire, mais le cas est rare.

L'examen au microscope démontre d'une façon plus distincte les particularités remarquées à l'œil nu, mais cet examen permet aussi de *constater la présence de l'or en particules extrêmement fines, et en général réunies à côté des pyrites.* Souvent même ces particules forment une sorte de revêtement autour des nodules de pyrites.

Au microscope également, la gangue présente un aspect vitreux, comme celui d'un sable siliceux ayant subi un commencement de fusion.

On sait, du reste, qu'une pression considérable peut donner ce résultat.

Fréquemment, on constate que des galets se sont pénétrés. Ce phénomène a nécessité une énorme pression.

Le même caractère de métamorphisme se retrouve dans les autres roches de la formation du Witwatersrand.

Les schistes ardoisiers, affleurant à Hospital Hill, sont à la base du système et présentent un état métamorphique très net.

Les quartzites, roches encaissantes des conglomérats, sont des grès ayant subi l'action d'un métamorphisme complet.

Les éléments de ces grès arrachés aux roches quartzeuses, telles que le granite, ont subi une cristallisation qui a pour ainsi dire reconstitué la roche primitive.

Le grain des quartzites n'est pas uniforme, mais partout la roche présente un aspect bien compact, et dans la même région la métamorphisation d'une même couche est bien la même.

Les fragments de quartz sont encastrés dans le ciment très fin et de nature également siliceuse. Une cassure de la roche traverse ces grains de quartz, tant est complète la liaison avec le ciment.

La constatation de l'ensemble de ces caractères permet d'expliquer la genèse des conglomérats et des quartzites du Transvaal.

On peut attribuer au Silurien les schistes de « Hospital Hill, » formant la base de la formation du Witwatersrand.

L'époque dévonienne a vu la formation des couches successives recouvertes, à la période carbonifère, par les couches houillères des régions de Springs et de Vercenigings.

Par définition, le conglomérat est formé par les apports des cours d'eau dans les lacs ou les mers, dans lesquelles ces apports se déposent avant d'atteindre les grandes profondeurs.

Dans les conglomérats sud-africains, le sable siliceux de la gangue peut provenir des granites et autres roches cristallines, ou même de roches sédimentaires anciennes, pour certaines couches.

Les galets de quartz proviennent des dépôts de cette roche dans les fissures des roches cristallines.

Ces galets présentent très souvent une face presque plate, indiquant le travail de va-et-vient d'un dépôt peu éloigné des côtes. Les mouvements de l'eau de la surface se font sentir sur les matériaux d'alluvion, non pas seulement sur les plages, mais jusqu'à une profondeur atteignant 50 mètres, et même davantage dans certaines conditions.

Arrivant peu à peu dans les eaux calmes d'un bassin peu profond, les alluvions ont pu s'y déposer en couches régulières. *Une action extrêmement lente a seule pu donner une telle régularité.*

Les graviers se sont déposés les premiers. Puis, les sables ont filtré avec les eaux et, en se déposant à leur tour, ont rempli les espaces vides laissés entre les galets.

Ces couches ainsi formées, mais non encore agglomérées, n'ont été soumises à aucun mouvement par le fait des eaux, depuis le temps où elles ont été constituées.

A la suite des énormes précipitations atmosphériques des époques Silurienne et Dévonienne, de grands courants d'érosion ont attaqué la surface terrestre au Nord de la vallée actuelle du Limpopo, et aussi peut-être sur une partie du continent actuellement immergée sous les eaux de l'Océan Indien, au Nord du Zambèze.

Les rivières de ces époques avaient des dimensions dont aucune des rivières actuelles ne peut donner l'idée. Les volumes d'eau transportés étaient énormes. Le courant était d'une violence torrentueuse. Les quantités de matières transportées étaient en proportion de ces forces.

Ces cours d'eau suivaient des directions n'ayant aucun rapport avec celles des vallées existant à notre époque.

Entraînés dans le bassin sud-africain, les éléments

des roches, arrachés et triturés par les eaux, se sont déposés et ont formé les couches des diverses formations géologiques d'origine alluvionnaire.

Les stratifications étaient horizontales avec une légère inclinaison, en s'éloignant du rivage.

Admettant le fait des mouvements postérieurs ayant relevé certaines couches, il n'en existe pas moins que les formations sud-africaines ont toujours plongé vers le Sud. Par suite, les courants venaient du Nord.

Dans la Rhodesia elle-même, on constate en nombre de points les indications d'une action considérable d'érosion aux époques anciennes. Les couches de schistes, qui recouvraient les granits, ont été arrachées, par exemple, et les roches cristallines elles-mêmes ont été attaquées, Il faut se rappeler qu'une telle action a sans doute eu lieu pendant des dizaines de milliers d'années.

Si la formation des conglomérats indique l'existence d'un courant violent ayant pu entraîner les galets, comme le font nos cours d'eau descendant des montagnes, la formation des grès nécessitait, au contraire, un courant beaucoup moins puissant et même faible. Ce courant pouvait transporter seulement des particules de sable, comme nos rivières à faible pente dans leur bas cours.

Les énormes précipitations atmosphériques ont désagrégé les roches sédimentaires et les roches cristallines, les réduisant en sables.

Les veines de quartz, qui se trouvaient elles-mêmes dans ces roches, perdant peu à peu l'appui de leurs épontes, se sont brisées et divisées en blocs et en fragments sous l'influence des agents atmosphériques.

Leur nature compacte et leur dureté n'ont pas permis aux eaux de les réduire en sables, comme les autres roches. Mais ces fragments, produits de l'effritement des veines, ne sont pas restés longtemps à la surface. Ils ont été entraînés vers un des grands cours d'eau et ont ainsi pris leur chemin vers la mer sud-africaine.

Ces fragments de quartz, par les chocs et le charriage, ont subi une usure et un polissage, qui ont été complétés par l'action marine, à leur arrivée sur les plages, et même après qu'ils avaient atteint les fonds les plus rapprochés du rivage.

Ils sont devenus les galets, aujourd'hui dans les conglomérats du Transvaal.

Dans nos mers actuelles, les alluvions ne se déposent guère à plus de 250 kilomètres des côtes.

Aux époques anciennes, la lune était plus près de la terre. Suivant la théorie de Darwin, son action était plus puissante, et il dut en résulter une plus grande étendue des plages, dont les pentes devaient être aussi plus faibles. Il n'y a donc pas lieu de s'étonner de la grande étendue des dépôts alluvionnaires dans la direction Nord-Sud.

En résumé, dans les âges de grandes précipitations atmosphériques, les courants violents ont transporté les galets qui se sont déposés dans les eaux calmes et peu profondes, après avoir subi pendant un temps des mouvements de va-et-vient dans les régions aux eaux peu profondes.

Dans les âges où les précipitations atmosphériques étaient moins violentes, les cours d'eau ont amené à la mer les sables siliceux filtrant, avec les eaux, entre les galets, pour lesquels ils devaient former une gangue. Ces sables se déposaient aussi au-dessus des galets en couches régulières pour former avec le temps des grès.

Il faut aussi tenir compte du fait que les bassins des rivières ont pu changer, ce qui expliquerait la nature variable des matériaux et, par exemple, la présence ou l'absence des galets de quartz, formés lorsque le bassin renfermait des veines de cette roche.

Lorsque ces éléments ont été déposés, ils formaient une simple agglomération de matières.

Comment ces matières, ainsi déposées par une action mécanique et superficielle de la nature, ont-elles pu former une roche sédimentaire bien réelle, sans transformation des éléments constituant par une action chimique?

On a vu précédemment quels sont les caractères actuels des conglomérats et des quartzites du Transvaal.

Comme les schistes qu'elles recouvrent, les couches de conglomérat et de quartzite doivent leurs caractères actuels à une action métamorphique.

Sans doute, l'action du poids des couches, se superposant, a pu cimenter les éléments constitutifs et former ainsi des grès et des conglomérats.

Ces roches se rencontrent partout dans la nature.

Mais il a fallu la métamorphisation pour transformer les grès et les conglomérats en quartzites et en « Banket », c'est-à-dire en ce conglomérat de grande dureté si bien caractérisé au Transvaal.

Cette métamorphisation est due aux mouvements de la croûte terrestre qui ont, en même temps, ouvert les crevasses où ont pénétré les laves, reconnues aujourd'hui pour des diabases et des diorites!

On trouve fréquemment des galets brisés dans leur alvéole même, et on en trouve aussi qui se sont pénétrés.

L'énorme pression nécessaire à la production de ces phénomènes n'a pu provenir que de mouvements de l'écorce terrestre, suivis de l'intrusion de roches volcaniques.

Le soulèvement, qui a formé la ligne de partage des eaux, le Witwatersrand des Boers, entre le Vaal et le Limpopo, a fait affleurer là le granit.

Sous l'influence du même effort, les couches sédimentaires ont subi un relèvement et leur stratification a été brisée en de nombreux points.

On ne peut dire que la métamorphisation des grès et des conglomérats ait eu lieu à la même époque, mais elle est due certainement à un phénomène identique.

Il ne faut pas l'oublier, cette action mécanique de

dislocation du globe a produit une chaleur intense, capable d'amener un commencement de vitrification.

La métamorphisation a dû se produire sous l'influence de la poussée volcanique, qui a amené les intrusions de diabases et de diorites rencontrées dans presque toutes les mines du Rand, et dont les plus importantes sont celles de Witpoorje et de l'Est.

Les mouvements, qui ont suivi la période de formation des dépôts du Karrou et ont amené, par exemple, l'intrusion de granite *au Nord de Johannesburg, ont modifié sans doute entièrement le régime des eaux.* Ces mouvements auraient ainsi suivi des périodes correspondant au Permien et au Trias.

Comme on l'a vu précédemment, il y a tout lieu de croire qu'aux époques antérieures les grands courants d'eau venaient du Nord, et amenaient ainsi des territoires traversés les débris et les végétaux. Ceux-ci ont formé dans le bassin sud-africain les uns, les conglomérats et quartzites, les autres les couches de charbon du Transvaal, de Natal et de l'Orange.

Molengraaf reconnaît que ces couches de houille sont le résultat d'apports de végétaux par rivières torrentueuses.

Un fort long intervalle s'est écoulé entre l'époque où se sont effectués les dépôts sédimentaires de la formation du Witwatersrand, et celle ayant vu se constituer la formation du Karrou.

Durant cet intervalle ont eu lieu les mouvements qui ont amené les intrusions de diorite, de syénite, et dolé-

rite, trouvées un peu partout, surtout au Nord du Vaal et en Rhodésia.

En même temps, les érosions de surface continuaient et apportaient à la mer les matériaux de construction des couches en création.

On doit admettre la théorie de Molengraaf, non seulement pour la houille, mais aussi pour les couches sédimentaires sous-jacentes.

Les éléments de ces couches ont été amenés par les torrents descendant du Nord.

Si l'on a reconnu, en Rhodésia, que les granites ou autres roches avaient été arrachés par les eaux sur plusieurs centaines de mètres de profondeur, on peut aussi admettre que des sections des roches sédimentaires, engendrées par ces débris eux-mêmes, ont à leur tour été entraînées par les courants violents d'une autre époque géologique.

Les fragments de schistes du « Black reef » proviennent de la formation que l'on voit affleurer sur « Hospital Hill ».

Dans les conglomérats de la formation du Karrou, on retrouve des éléments provenant des formations du Swaziland et du Witwatersrand.

Ainsi est expliquée, pour certaines régions, la non existence des formations supérieures. Celles-ci ont été arrachées par les eaux, et transportées pour former de nouvelles couches.

Ce fait se produit non seulement en Rhodesia, mais aussi au Transvaal, où la formation du Karrou existe seulement dans l'Est, recouvrant la formation du Witwatersrand.

Dans la partie centrale et Ouest, elle a pu être arrachée par les eaux.

Il ne faudrait pas croire cependant, que le fait de l'affleurement des séries de la formation du Witwatersrand est dû uniquement à ce travail des eaux.

Ces séries de couches de quartzites et de conglomérats, d'abord déposées horizontalement, ont subi un mouvement de relèvement, du fait de l'intrusion de granit sur laquelle s'appuie leur base au Nord.

Postérieurement à ce mouvement, des érosions se sont produites, et ont mis au jour, dans leur partie ainsi surélevées, les couches de la formation aurifère entre Boksburg et Randfontein.

Si des érosions ne s'étaient pas produites, les couches de conglomérats et de quartzites n'auraient pas donné à la surface, les affleurements reconnus à notre époque. Elles seraient restées, comme on les trouve actuellement dans la région au Sud-Est, sous la formation du Karrou ou sous la formation dolomitique.

Des résultats obtenus à la « Springs Mines » et à la Nigel à l'Est, à Randfontein et à Buffelsdoorn à l'Ouest, on peut conclure que les conglomérats de la formation du Witwatersrand occupent, à des profondeurs encore à déterminer au Centre et au Sud, une surface trapézoïdale dont la base supérieure serait la ligne d'affleurement du Rand, et les côtés les lignes Springs-Heidelberg et Krügersdorp-Klerksdorp.

L'apparition de la formation à la surface, à Wenters-kroom, semble due à un soulèvement local de la même époque que celui de Hospital Hill.

La formation du Witwatersand doit s'étendre au Sud du Vaal, sous la formation du Karrou, mais rien n'a prouvé encore cette théorie.

Aucun soulèvement local n'a révélé sa présence, et aucun sondage n'a permis de la constater.

Les formations du Karrou, du Witwatersrand, du Black reef, ou toute autre, n'ont pas recouvert la sur-face entière de l'Afrique du Sud, aux époques cor-respondant à leur origine.

Si leurs dépôts n'existent pas en certaines régions, ils n'ont pas été nécessairement arrachés par les eaux.

Comme nous l'avons vu précédemment, les rivières ont amené des matériaux différents suivant l'origine de leurs eaux. En outre, pour se déposer, ces maté-riaux ont dû se trouver dans des conditions spéciales, et ils se sont déposés là seulement où ils ont ren-contré ces conditions.

Les galets et les sables, qui ont constitué les roches de la série du « Black reef», se sont déposés là où ils ont trouvé des fonds favorables

Ces fonds n'étaient pas favorables sur une étendue importante et continue, comme ceux dans lesquels se sont effectués les dépôts de la formation du Witwa-tersrand.

Ainsi s'expliquerait l'existence par taches de la formation du « Black reef ». Pour parler plus scientifiquement, *il conviendrait de dire que la formation du* « *Black reef* » *est constituée par un nombre de dépôts localisés.*

Il a été, du reste, généralement constaté que les dépôts de conglomérats et de grès sont de nature essentiellement locale, et se trouvent à proximité des rivages.

A distance, leur puissance se réduit et ils finissent par disparaître.

Jusqu'ici, les conglomérats de la formation du Witwatersrand ont été reconnus sur une distance d'environ deux kilomètres, suivant l'orientation de la plongée des couches. Il est donc impossible encore de dire s'ils suivent la loi générale.

Les dépôts de conglomérats ont aussi été reconnus, en général, comme affectant une forme lenticulaire.

Serait-on au Transvaal en présence d'un dépôt local et lenticulaire?

En raison de la puissance de la formation du Karrou au Sud du Vaal, il sera difficile de résoudre cet intéressant problème géologique de la réduction graduelle de la puissance des couches de conglomérats, suivie de leur disparition complète.

A la suite des travaux d'exploration à l'Est et à l'Ouest, il semble cependant que l'on soit en voie de reconnaître la forme lenticulaire du dépôt.

On sera bien près alors de prouver la localisation.

CHAPITRE VIII

Genèse métallique dans les conglomérats.

En Nouvelle-Zélande et en Californie, l'or des alluvions présente des angles arrondis et tous les caractères d'un polissage par les eaux ou par un transport.

L'or des « Bankets » du Sud-Afrique, comme le précédent, a été déposé dans des sables et des graviers, mais il présente des caractères entièrement différents.

Si l'on examine au microscope un fragment de conglomérat aurifère de la formation du Witwatersrand, ou de celle du « Black reef », on remarque plusieurs faits absolument caractéristiques.

L'or s'y présente en particules très fines sous la forme de lamelles ou parcelles aux angles vifs.

Parfois, on constate que ces lamelles recouvrent des cristaux de pyrite de fer.

L'or semble plus particulièrement abondant au voisinage des pyrites.

De l'état physique même de l'or, il résulte qu'il ne se présente pas à l'état où on le trouve dans les autres dépôts d'origine alluvionnaire.

Il n'a pas été déposé ou amené en même temps que les éléments constitutifs du conglomérat, puisqu'il n'a pas subi d'usure de ses angles, ou de polissage par les eaux ou le frottement de ces éléments.

L'or est donc resté en place, là même où il a été déposé.

Les éléments du conglomérat sont restés eux-mêmes en place, depuis l'époque où l'or a été déposé au milieu d'eux.

Ils n'ont subi depuis cette époque aucun mouvement par le fait des eaux.

L'or n'est jamais contenu dans les galets de quartz. Il ne provient donc pas des veines qui ont fourni cette roche.

Au contraire des alluvions glaciaires aurifères, telles que celles de la « Blue Spur » en Nouvelle-Zélande, ou des alluvions de rivière comme celles d'Australie ou de Californie, pour lesquelles une action des glaces ou de l'eau a charrié ensemble or et gravier, il n'y a eu aucun mouvement de charriage des éléments des conglomérats sud-africains, après la venue de l'or.

L'or n'a donc pas été amené et déposé mécaniquement par les eaux.

D'un autre côté, l'or, à l'état métallique, n'a pas pénétré la masse telle qu'elle est actuellement constituée, c'est-à-dire la roche dure et métamorphisée. Cette roche n'a pu davantage être pénétrée par les eaux thermales, ou les vapeurs volcaniques.

Au début de l'exploitation des conglomérats, on éprouva une grande incertitude, sur les procédés à employer et sur l'avenir du Rand, en passant du minerai oxydé au minerai sulfuré.

Jusque-là le traitement au mercure avait suffi, mais on s'aperçut rapidement qu'en appliquant le même traitement au minerai pyriteux, on recueillait seulement une partie de l'or.

On reconnut bientôt, par l'analyse, que l'or non récupéré était contenu mécaniquement dans les pyrites elles-mêmes, et qu'il fallait trouver un réducteur pour celles-ci.

On appliqua diverses méthodes de réduction.

Le traitement au cyanure de potassium, ayant apporté toute satisfaction, donna un nouvel essor à l'industrie.

Au point de vue géologique, il était prouvé qu'une partie de l'or était renfermée dans les pyrites.

Ce fait semble confirmer la venue simultanée des métaux.

Dans les conglomérats sulfureux, les pyrites atteignent en poids une moyenne de 4 pour 100 de la masse, mais certaines sections en contiennent jusqu'à 25 pour 100.

On constate, en abondance, la présence du sulfure de fer, du système rhombique, connu sous le nom de marcassite. On sait que ce sulfure naturel doit son origine propre à sa substitution aux matières végétales.

Dans le conglomérat, on trouve aussi, en petite quantité, des pyrites de cuivre, de la galène et de la blende.

De l'énoncé de ces conditions dans lesquelles on trouve les pyrites et l'or dans les conglomérats, *on peut conclure à une hypothèse chimique pour la genèse de ces deux corps métalliques* et principalement du second, qui nous intéresse avant tout.

L'eau, en pénétrant les couches de graviers, aurait apporté l'or en dissolution, et aussi le fer à l'état de sulfate.

L'abondance des pyrites de fer est constatée à l'œil nu, et celles-ci sont parmi les matières minérales qui se substituent aux matières organiques. Ce phénomène se produit encore à notre époque.

Cette substitution, là où les conditions l'ont favorisée, a même amené la formation de gisements de grande valeur et d'exploitation facile.

Dans les conglomérats africains, les cristaux de pyrites ont remplacé des matières organiques, dont la nature ne peut cependant être déterminée. L'eau des mers contenait des sulfates. Au contact de ces matières animales ou végétales, ceux-ci se sont transformées en sulfures insolubles, qui se sont précipités.

L'analyse a prouvé la présence fréquente de l'or dans les pyrites mêmes.

Le voisinage et l'association des deux dépôts métalliques, or et pyrites, indiquent certainement que leur venue s'est produite en même temps et par les mêmes causes.

L'or, en dissolution dans les eaux, a été précipité

par suite d'une réaction chimique, lorsque ces eaux ont pénétré les graviers.

Il y a eu imprégnation des couches par les eaux filtrant au travers des matières d'alluvion.

Durant ces époques géologiques, et par suite des mouvements de la croûte terrestre, les mers étaient surchauffées, et ce fait peut avoir aussi aidé les réactions chimiques, qui ont amené la précipitation de l'or et des pyrites.

Ces précipitations ont dû se faire dans des fonds absolument calmes, et de peu de profondeur au-dessous de la surface des eaux.

Faisant partie d'un sel soluble contenu dans les eaux filtrant à travers les dépôts alluvionnaires, l'or s'est précipité en présence des matières organiques, avec lesquelles les eaux sont venues en contact.

On connaît, comme similaire, l'action rapide de l'acide oxalique sur les sels d'or.

L'or est rendu à l'état libre, et c'est bien ainsi qu'on le trouve dans les « Bankets ».

Si une certaine proportion est recueillie seulement par chloruration ou cyanuration, en produisant ainsi une décomposition des pyrites, ce n'est pas que l'or soit combiné chimiquement à ces pyrites. Il y est seulement enfermé mécaniquement.

Les conglomérats du Rand ne sont pas un minerai complexe. L'or n'y est en combinaison avec aucun autre métal.

L'or a donc été déposé dans les couches de galets

et de sable à l'époque où les éléments constitutifs
n'étaient pas encore agglomérés.

Les couches étaient alors facilement pénétrées par
les eaux, comme le sont de nos jours les fonds de graviers des plages ou des rivières.

L'instabilité des sels d'or est connue, et les moindres
oxydes des matières organiques amènent la précipitation de l'or.

Pourquoi les conglomérats contiennent-ils l'or,
tandis que les grès en contiennent tout au plus des
traces, et encore fort rarement? Ces grès étaient des
sables pénétrables par les eaux contenant les sels d'or?

Pourquoi aussi les conglomérats des séries Elsburg
et Kimberley, par exemple, sont-ils pauvres? Leur
composition est cependant identique à celle de la série
du « Main reef »?

On peut expliquer ces faits de la façon suivante.

Les matières organiques auraient fait défaut, ou
étaient là en quantité insuffisante pour opérer la précipitation de l'or. Ce fait serait aussi prouvé par la
rareté des pyrites dans les conglomérats et les grès du
Transvaal, là où l'on ne trouve pas l'or.

Les alluvions, devenues les conglomérats de la série
du « Main reef », renfermaient au contraire une
grande abondance d'éléments organiques, et ainsi peut
s'expliquer leur richesse.

On ne saurait trop le répéter, la précipitation de
l'or et des pyrites a été faite par les mêmes eaux.
Pour qu'elle se produise, il a fallu que les couches de

graviers ne subissent aucun mouvement. Les eaux, recouvrant ces couches et filtrant lentement à travers, étaient très calmes.

La conclusion des faits constatés par l'observation, et l'étude des conglomérats, et de l'or qu'ils renferment, est que *la présence de cet or n'est due ni à une action volcanique, ni à une action mécanique ou alluvionnaire, mais bien à une réaction chimique.*

CHAPITRE IX

Production des gisements aurifères sud-africains.

L'étude de l'industrie sud-africaine n'entre pas dans le programme de cet ouvrage, mais il est intéressant de connaître les quantités d'or fournies par les gisements aurifères, et même le coût moyen d'extraction du métal précieux.

Les chiffres officiels de la Chambre des Mines de Johannesburg pour les trois dernières années donnent les résultats suivants pour tout le Transvaal.

	1914	1915	1916
Tonnes de minerai traité. .	26 569 946	28 983 778	29 175 468
Poids de l'or extrait en onces.	8 378 139	9 093 671	9 295 538
Valeur de l'or en livres sterling.	35 588 075	38 627 461	39 484 934
Rendement par tonne en grammes	9,76	9,67	9,80
Coût de l'extraction et du traitement par tonne en shillings et pences. . .	17/5	17/7	18/3

L'élévation du coût d'extraction et de traitement en 1916 est due à la hausse des prix de toutes les matières nécessaires à l'industrie, par suite des événements en cours.

Les dividendes distribués par les Compagnies minières en 1916, ont atteint le total de 7 271 589 livres sterling.

Comme pour tous les champs d'or, la progression dans la production du métal a été rapide. En effet, aussitôt l'or découvert dans une région, les hommes et les capitaux y sont immédiatement attirés par l'appât d'un gain plus élevé et plus prompt que ne peut le donner toute autre industrie.

En 1889, on atteignait déjà un rendement d'une valeur de 1 490 068 livres sterling.

Dix années plus tard, le rendement était onze fois plus grand et atteignait une valeur de 16 044 135 livres sterling.

On était loin encore du maximum atteint en 1916, malgré la guerre mondiale qui avait étendu son champ d'action jusqu'en Afrique du Sud en 1914-15.

Dans les **dix** dernières années, la valeur *en livres sterling* de l'or extrait des divers districts du Transvaal a atteint :

1906.	24 579 987
1907.	27 403 738
1908.	29 957 610
1909.	30 925 788
1910.	32 001 735
1911.	34 991 620
1912.	38 757 560
1913.	37 358 040
1914.	35 588 075
1915.	38 627 461
1916.	39 484 934

Depuis 1884, une valeur totale de £ 514 968 191, ou plus de treize milliards de francs d'or, a été produite par tous les districts du Transvaal.

Il ne faut pas le perdre de vue, c'est seulement en 1905 que le chiffre de £ 20 000 000 a été dépassé pour la production annuelle.

Pour la Rhodésia, la production d'or des dix dernières années a représenté en livres sterlings :

1906	1 985 099
1907	2 178 886
1908	2 526 007
1909	2 625 709
1910	2 568 198
1911	2 647 896
1912	2 707 569
1913	2 905 267
1914	3 580 207
1915	3 823 166
1916	3 895 311

Depuis l'année 1898 jusqu'à 1917, la Rhodésia a produit 900 000 000 de francs d'or.

La production d'or en 1916 a atteint 950 555 onces d'une valeur totale de £ 3 895 311, surpassant ainsi de £ 72 145 la production de 1915.

Pour avoir la production totale d'or en Afrique du Sud, il faut aussi tenir compte de la production d'autres régions, telles que Natal et Swaziland, la première avec 4000 onces annuellement, la seconde avec 15 000 onces.

L'Afrique du Sud a fourni ainsi au monde plus de un

milliard cent millions de francs d'or pendant l'année
1916.

Grâce aux nouvelles découvertes, cette production
augmentera, lorsque sera passée la crise due à la
guerre.

On peut admirer la valeur des gisements africains.
En pleine crise mondiale, et malgré des difficultés de
tous genres, ils ont pu fournir, en 1916, un rendement
en augmentation sur les années précédentes.

Ces résultats sont atteints grâce au recrutement d'un
contingent de 250 000 travailleurs noirs.

Si l'Afrique du Sud a pu produire en 1916 la valeur
de 1 100 000 000 francs, sur les 2 420 000 000 francs
produits par le monde entier dans cette même année,
il n'en existe pas moins qu'un plus grand esprit d'ini-
tiative pourrait lui faire produire davantage.

De Randfontein au Vaal, de Nigel vers le Sud-Est, le
pays aurait dû depuis longtemps être sillonné de sondages, qui auraient percé le mystère caché par la
formation dolomitique ou la formation du Karrou.

Ce que l'on appelait, il y a vingt ans, le Rand,
contient seulement une petite partie des conglomérats
aurifères.

Si l'on redoute l'insuffisance de main-d'œuvre, par
suite de l'ouverture de nouvelles mines, il faut rechercher des améliorations dans les moyens d'extraction et
dans l'utilisation de la main-d'œuvre. *Si on travaillait
en 1917 suivant les méthodes de 1895, il faudrait* 400 000
noirs au lieu de 250 000. *On a perfectionné les méthodes*

suivies en 1895; les ingénieurs perfectionneront celles
suivies en 1917.

Il n'y a aucune excuse à laisser dormir dans le sous-
sol du Transvaal l'or des conglomérats de la série du
« Main reef ».

Lorsque se posera la question noire en Afrique du
Sud, la production de l'or passera par une crise grave,
mais cette crise même obligera les ingénieurs à ima-
giner des appareils d'extraction nouveaux, pouvant
suppléer à un déficit de main-d'œuvre ou à une élévation de son prix.

L'or sera toujours dans les gisements, qu'aucune
puissance humaine ne pourra annihiler.

Les dirigeants ne doivent cependant pas oublier
qu'ils sont seulement un million et demi de blancs en
face de près de sept millions de noirs, appartenant
aux diverses races sud-africaines, et d'un million de
métis ou d'individus de couleur appartenant à d'autres
races.

Grâce au bien-être et à la suppression des guerres
de tribus, la population noire augmente rapidement.
Un exemple frappant est donné par la tribu, jadis guer-
rière, des Basutos, dont la population a passé de 218 000,
en 1891, à 404 000 en 1911.

Il faudra une grande intelligence chez les chefs de
l'industrie et chez les gouvernants, pour conserver aux
blancs la suprématie absolue qu'ils possèdent aujour-
d'hui.

La question de la main-d'œuvre donnera toujours de

grandes inquiétudes. Pour être prêts à faire face aux événements, les ingénieurs doivent rechercher constamment de nouveaux procédés d'exploitation et de traitement.

L'étude des conditions géologiques actuelles a permis d'expliquer les origines des formations aurifères, et principalement la constitution des conglomérats.

La définition de ces origines et de cette constitution est la partie importante de cet ouvrage, comme de toute étude sur l'Afrique du Sud.

Il est de haute importance de démontrer l'existence des couches aurifères dans toute la région du sous-sol transvaalien comprise entre la ligne Est-Ouest des collines du Rand et le Vaal river.

On ouvre en ce moment, entre Modderfontein et Nigel un champ d'exploitation égal en importance à celui du Rand central. Ce nouveau développement de l'industrie est dû aux travaux de sondages.

Il est urgent de créer une organisation systématique de sondages, afin de suivre les couches aurifères au Sud de la Nigel et de reconnaître sous quel angle ces couches plongent vers l'Ouest. Il est probable que, dans cette région, on trouvera la formation se rapprochant de plus en plus de l'horizontale. Les couches seraient alors exploitables sur des étendues beaucoup plus grandes qu'elles ne le sont dans la région de Johannesburg.

Lorsque les sondages auront confirmé la théorie de l'existence des conglomérats dans toute la surface du trapèze, Modderfontein-Krugersdorp, Vaal river, Modderfontein-Heidelberg, Krugersdorp-Klersdorp, le gouvernement de l'Union ne regrettera pas les dépenses faites pour obtenir ce résultat, même si la surface inexploitable est très considérable.

On n'a encore touché qu'à une très petite partie des alluvions déposées par le grand fleuve de l'époque primaire, à son embouchure dans la mer sud-africaine.

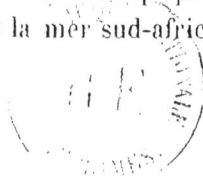

TABLE DES MATIÈRES

80 410. — Imprimerie Lahure, 9, rue de Fleurus, à Paris.